RHEINISCH WESTFÄLISCHE AKADEMIE DER WISSENSCHAFTEN

AF471555

Rheinisch-Westfälische Akademie der Wissenschaften

Natur-, Ingenieur- und Wirtschaftswissenschaften Vorträge · N 323

Herausgegeben von der
Rheinisch-Westfälischen Akademie der Wissenschaften

MANFRED DEPENBROCK

Energieumformung und Leistungssteuerung bei einer modernen Universallokomotive als Beispiel für den Einsatz von Leistungselektronik

Westdeutscher Verlag

296. Sitzung am 31. März 1982 in Düsseldorf

CIP-Kurztitelaufnahme der Deutschen Bibliothek

Depenbrock, Manfred:

Energieumformung und Leistungssteuerung bei einer modernen Universallokomotive als Beispiel für den Einsatz von Leistungselektronik / Manfred Depenbrock. – Opladen: Westdeutscher Verlag, 1983.

(Vorträge / Rheinisch-Westfälische Akademie der Wissenschaften: Natur-, Ingenieur- u. Wirtschaftswiss.; N 323)

ISBN 3-531-08323-6

NE: Rheinisch-Westfälische Akademie der Wissenschaften (Düsseldorf): Vorträge / Natur-, Ingenieur- und Wirtschaftswissenschaften

Herstellung: Westdeutscher Verlag

ISBN-13: 978-3-531-08323-0 e-ISBN-13: 978-3-322-85564-0

DOI: 10.1007/978-3-322-85564-0

Inhalt

Die Leistungselektronik ist das Teilgebiet der Elektrotechnik, in dem man mit Hilfe elektronischer Ventile elektrische Energieflüsse schaltet, verstellt und umformt. Die elektronischen Ventile werden so betrieben, daß im Durchlaßzustand schon sehr geringe Spannungen sehr große Ströme hervorrufen und im Sperrzustand auch hohe Spannungen nur sehr geringe Ströme zur Folge haben. Diese Arbeitsweise kann man an einem sehr einfachen Beispiel veranschaulichen, bei dem eine Wechselspannungsquelle über einen Thyristor mit einem Lastwiderstand verbunden ist, wie Bild 1 zeigt. Wenn der Thyristor sich im Sperrzustand befindet, kann kein Strom fließen, die gesamte Spannung der Quelle fällt am Thyristor ab. Wird bei $t=t_\alpha$ der Thyristor durch einen Stromstoß auf seinen Steueranschluß G leitend gemacht, dann wird der über die Hauptanschlüsse von

Bild 1: Stromkreis mit Thyristor; oben: Schaltbild, unten: Zeitverlauf von Quellenspannung und Laststrom.

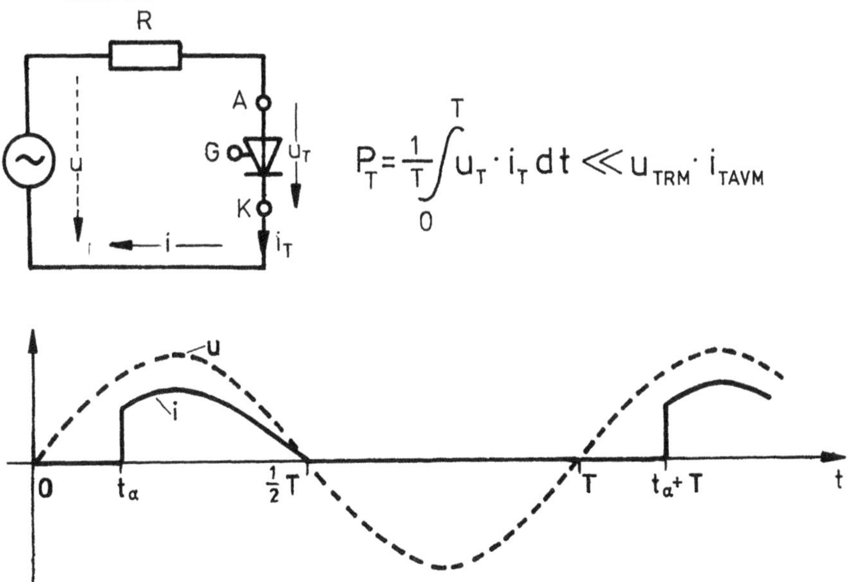

A nach K fließende Strom allein durch die Spannung der Quelle und den Lastwiderstand R bestimmt, solange der Strom in dieser Durchlaßrichtung über den Thyristor fließt. In entgegengesetzter Richtung kann kein Strom fließen, bei $t=\frac{1}{2}T$ beginnt deshalb der Thyristor die nun entgegengesetzt zu seiner Durchlaßrichtung wirkende Spannung zu sperren, der Lastwiderstand ist strom- und spannungslos. Wenn ein Strom in Durchlaßrichtung über den Thyristor fließt, kann er durch keine Beeinflussung der Steuerelektrode G wieder in den sperrenden Zustand zurückversetzt werden, das ist nur möglich, wenn der Strom über die Hauptanschlüsse verschwindend klein gemacht wird. Ähnlich wie bei einem mechanischen Schaltapparat wird im Vergleich zur sogenannten Schaltleistung, das ist das Produkt aus der zulässigen Spannung u_{TRM} im Sperrzustand und dem zulässigen Strom i_{TAVM} im Durchlaßzustand, nur sehr wenig elektrische Leistung P_T in thermische Verlustleistung umgesetzt, häufig z. B. nur wenige Promille der Schaltleistung.

Aus der sehr großen Zahl von Anwendungsfällen der Leistungselektronik soll beispielhaft die Energieumformung und Leistungssteuerung bei der neuen Hochleistungslokomotive BR 120 betrachtet werden, von der zur Zeit eine Vorserie von fünf Stück bei der Deutschen Bundesbahn (DB) intensiv erprobt wird. Dabei kann man erleben, daß eine dieser Lokomotiven, die gerade einen schweren Güterzug befördert hat, als nächstes zum Transport eines Fernschnellzuges eingesetzt wird (Tafel I). So etwas ist mit Lokomotiven bisheriger Bauart praktisch nicht möglich. Einen guten Überblick über die Leistungsmöglichkeiten einer Lokomotive geben ihre Zugkraft-Geschwindigkeitsdiagramme (Z-V-Kennlinien). Die stark ausgezogene Kurve in Bild 2 zeigt die dauernd erreichbare Zugkraft Z der BR 120 in Abhängigkeit von der Fahrgeschwindigkeit V. In das Diagramm sind auch die von verschiedenen Zugarten bei einer Steigung von 5‰ benötigten Zugkräfte für gleichbleibende Geschwindigkeit dünn eingezeichnet. Wie man erkennt, kann die BR 120 im Dauerbetrieb alle diese Zugarten mit für Beschleunigungsvorgänge ausreichender Zugkraftreserve befördern. Betrachtet man zum Vergleich die dick gepunktet gezeichneten Z-V-Kennlinien der Lokomotive BR 103, das ist die leistungsstärkste Lokomotive der DB mit dem bisher üblichen Antriebssystem, so erkennt man, daß im Dauerbetrieb diese sechsachsige Lokomotive erst ab einer Geschwindigkeit von ca. 170 km/h höhere Zugkräfte entwickeln kann als die neue, vierachsige BR 120. Da die für die Beförderung schwerer langsamer Züge benötigten Zugkräfte von der BR 103 nur kurzzeitig aufgebracht werden können, wird diese Lokomotive praktisch nur für die Beförderung von Schnellverkehrszügen mit Spitzengeschwindigkeiten von über 160 km/h bis zu 200 km/h eingesetzt. Die Z-V-Kennlinie eines solchen Zuges mit einer Masse von 300 t liegt noch unterhalb der Z-V-Kennlinie der BR 120, so daß auch solche Züge z. B. im Intercity-

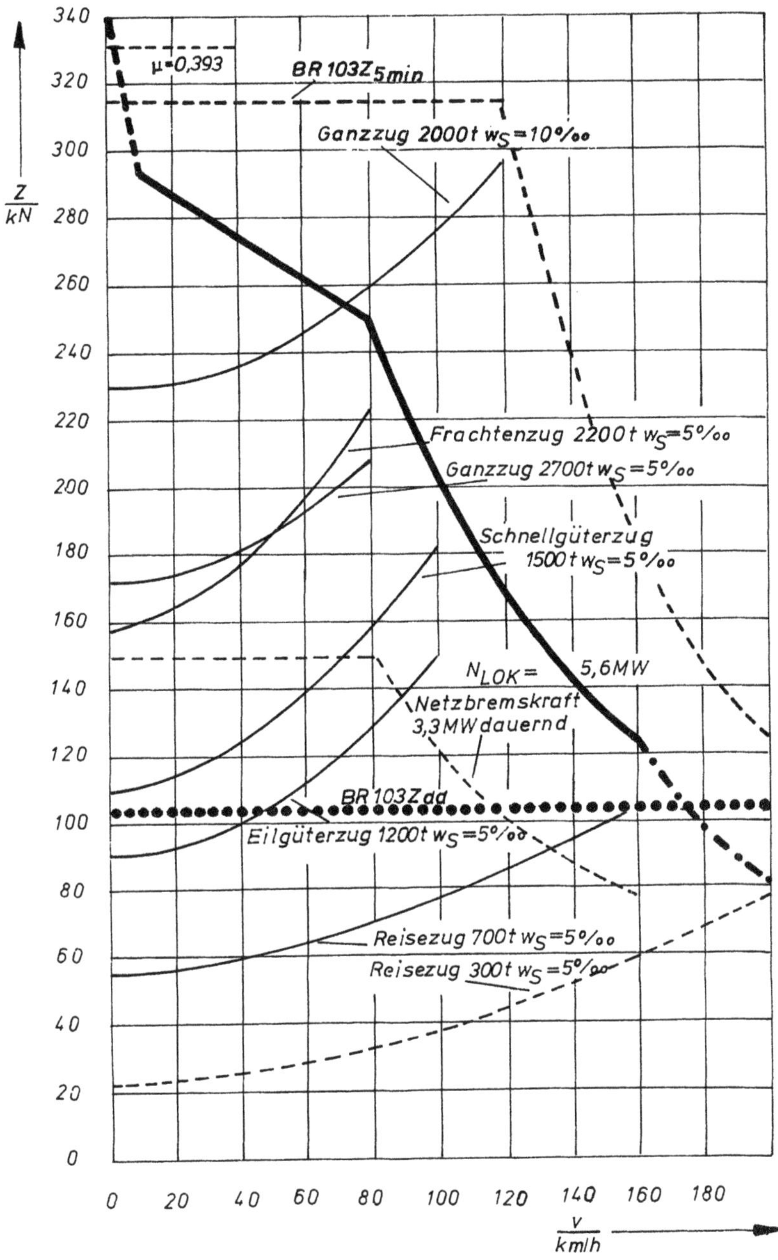

Bild 2: Z-V-Kennlinien von Lokomotiven und Zügen der DB.

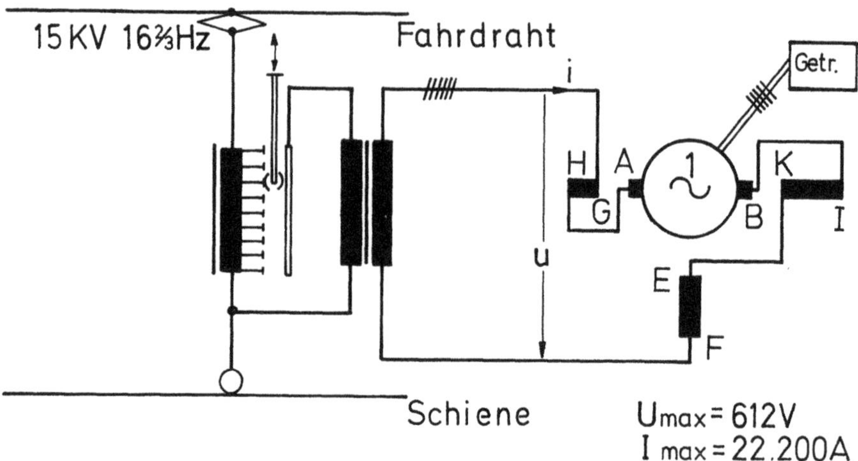

Bild 3: Antriebsschema der BR 103

verkehr von der BR 120 befördert werden können. Die kurzzeitig und bei Geschwindigkeiten oberhalb von 170 km/h für Beschleunigungsvorgänge zur Verfügung stehende Zugkraftreserve ist bei der BR 103 (dick gestrichelte Kurve in Bild 2) allerdings größer als bei der neuen BR 120.

Worin liegen nun die Ursachen für die stark verschiedenen Z-V-Kennlinien der beiden betrachteten Lokomotiven? Bei der BR 103 und allen anderen Lokomotiven mit konventioneller Technik erfolgt die Umwandlung elektrischer Leistung in mechanische Leistung durch Kommutatormotoren, deren Aufbau auf Tafel II und deren elektrotechnisches Symbol in Bild 3 dargestellt ist. Durch den Durchfluß des Motorstromes i durch die im Ständer ruhende Erregerwicklung E – F entsteht ein raumfestes Magnetfeld. Derselbe Strom i durchfließt auch die in den Nuten des Rotors untergebrachte Ankerwicklung A – B. Der sogenannte Kommutator sorgt dafür, daß in den Teilen der Rotorwicklung, die sich im Bereich des magnetischen Südpols des Erregerfeldes befinden, der Strom immer im umgekehrten Sinne fließt wie in den Teilen der Rotorwicklung, die jeweils im Bereich des magnetischen Nordpols liegen. In einem Magnetfeld mit der Flußdichte $\vec{B}$ werden auf elektrische Ladungen Q, die mit der Geschwindigkeit $\vec{V}$ durch die Leiter fließen, Kräfte nach dem Grundgesetz

$$\vec{F} = Q \cdot \vec{V} \times \vec{B}$$

ausgeübt. Durch die Funktion des Kommutators greifen dann am Rotor alle auf die bewegten Ladungen ausgeübten Teilkräfte im gleichen Sinne zur Bildung des gewünschten Drehmomentes des Motors an. Durch die stromdurchflossene

Rotorwicklung würde infolge der Kommutatorfunktion unabhängig von der Drehung des Rotors ein zusätzliches, in bezug zum Ständer ortsfestes Magnetfeld entstehen, das aus verschiedenen Gründen unerwünscht ist. Durch den Durchfluß des Stromes i durch eine weitere, im Ständer ruhende Wicklung I–K wird dieses unerwünschte Feld kompensiert. Wenn eine Nut des Ankers die Grenze zwischen dem magnetischen Südpol und dem Nordpol überschreitet, muß in den zugehörigen Leitern der Ankerwicklung der Strom seine Flußrichtung umkehren. Damit dieses funktionssicher geschieht, muß im Ständer von Kommutatormotoren noch eine weitere, ebenfalls vom Motorstrom durchflossene Wicklung G–H vorgesehen werden, die den sogenannten Wendefluß erregt. In allen, relativ zum Magnetfeld des Motors ruhenden Ständerwicklungen wird nur vergleichsweise sehr wenig elektrische Energie in Verlustwärme umgewandelt. Bei der Bewegung der Rotorwicklung im räumlich ruhenden Erregerfeld wird dagegen elektrische Leistung sehr verlustarm in mechanische Leistung verwandelt, die gesamte dazu benötigte elektrische Leistung muß über auf dem Kommutator schleifende Grafitkontakte der rotierenden, für die volle Motorspannung isolierten Ankerwicklung zugeführt werden. Durch die Stärke des Stromes i wird das Drehmoment bestimmt. Die Spannung, die notwendig ist, um diesen Strom durch den Motor zu treiben, ist nahezu proportional zur Drehzahl des Motors. Bei fast allen Fernbahnen wird den elektrischen Triebfahrzeugen über das Leiterpaar Fahrdraht – Schiene Wechselspannung zugeführt. Die Höhe der den Motoren zugeführten Spannung muß sich, wie gesagt, zur Einhaltung einer gewünschten Zugkraft mit der Geschwindigkeit V ändern. Dies geschieht in einfachster Weise durch Transformatoren, deren Übersetzungsverhältnis mit Hilfe eines Stufenschalters verstellt wird.

Der mit der Fahrdrahtspannung von 15 kV gespeiste Spartransformator mit Stufenschaltwerk gestattet bei der BR 103 die dem Abspanntransformator zugeführte Spannung in 40 Stufen zu ändern. Die maximale Motorspannung hat einen Effektivwert von 612 V. Bei Dauerbetrieb mit dem dann maximal zulässigen Drehmoment wird den sechs Fahrmotoren ein Strom von insgesamt 10 500 A zugeführt, der beim kurzzeitig zulässigen Spitzendrehmoment auf 22 200 A anwächst. Zur Umkehr der Fahrtrichtung muß die Durchflußrichtung dieser Ströme in den Erregerwicklungen durch mechanische Schaltapparate umgekehrt werden. Bei Kommutatormotoren großer Leistung, die direkt mit Wechselstrom betrieben werden, begrenzt die Funktionseinheit Grafitkontakt-Kommutator die zulässige Frequenz des Wechselstroms auf weniger als 20 Hz. Im deutschsprechenden Mitteleuropa und in Nordeuropa werden deshalb die Fernbahnen durch Wechselspannung mit ⅓ der normalen Netzfrequenz, d.h. mit 16⅔ Hz betrieben. Das beschriebene System zur Umwandlung von elektrischer Energie in mechanische Energie durch Wechselstrom-Kommutatormotoren und deren Leistungssteuerung durch Transformatoren mit Stufenschaltwerk führt bei der BR 103 zu den in Tabelle 1 zusammengestellten Kennziffern.

In Tabelle 1 sind auch vergleichbare Werte der neuen BR 120 aufgeführt. Das Gesamtgewicht dieser Lokomotive beträgt nur etwa ¾ von dem der BR 103 und kann von nur vier anstelle von sechs Achsen getragen werden. Bei nur geringfügig kleinerer Dauerleistung können von der BR 120 bei mittleren und kleinen Geschwindigkeiten trotzdem wesentlich höhere Zugkräfte dauernd entwickelt werden als von der BR 103. Trotz der höheren statischen Achslast beträgt bei der BR 120 die ungefedert auf die Schienen wirkende Masse mit 2,6 t pro Achse weniger als 50% des Wertes eines entsprechenden Antriebs mit Wechselstrom-Kommutatormotoren. Der Hauptgrund hierfür liegt darin, daß anstelle dieser Motorenart bei der BR 120 Drehstrom-Kurzschlußläufermotoren (Tafel III) zur Umwandlung von elektrischer Leistung in mechanische Leistung verwendet werden. Eine solche, in Bild 4 durch ihr elektrotechnisches Symbol dargestellte Maschine hat lediglich drei gleiche im Ständer symmetrisch verteilte, isolierte Wicklungen und in den Nuten des Rotors nur unisolierte Leiterstäbe, die an den Stirnseiten in einfachster Form alle miteinander verbunden sind. Mit Hilfe der drei ruhenden Ständerwicklungen kann man ein Magnetfeld erzeugen, das gegenüber dem Ständer rotiert. Die Winkelgeschwindigkeit wird durch die Frequenz der den Ständerwicklungen zugeführten Spannungen bestimmt. Wenn diese drei Spannungen ein sogenanntes symmetrisches Dreiphasensystem bilden, ist die Stärke

Tabelle 1: Leistungen und Massen bei Hochleistungslokomotiven

DB-Lokomotive	BR 103	BR 120
max. Dauerleistung	6×0,99 MW=5,9 MW	4×1,4 MW=5,6 MW
Gesamtmasse	116 t	84 t
Achsenzahl	6	4
Masse pro Achse	19,3 t	21 t
Motormoment	mit 33 Hz pulsierend	konstant
Transformatormasse	15,6 t	11,9 t
Stromrichtermasse Motormasse	– 6×3,6 t=21,6 t	4×1,95 t= 7,8 t 4× 2,4 t= 9,5 t 17,3 t
Motorleistung/Masse	0,275 kW/kg	0,583 kW/kg
Drehgestellmasse	31 t	17 t

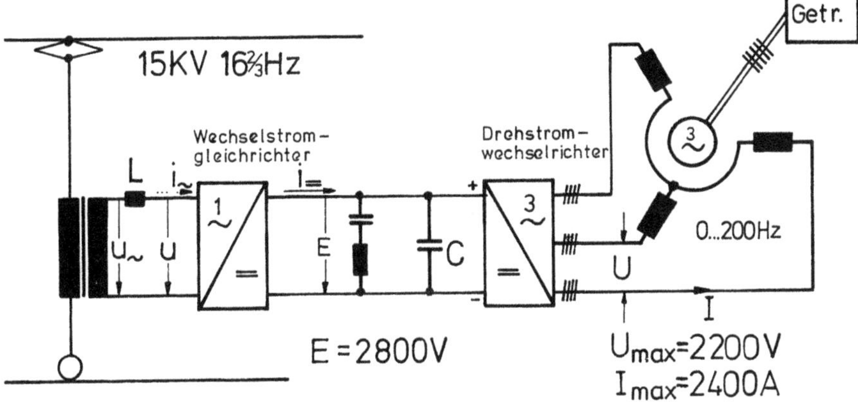

Bild 4: Antriebsschema der BR 120

des rotierenden Magnetfeldes zeitlich konstant, man erhält ein reines Drehfeld. Läßt man das Magnetfeld genau so schnell drehen wie den Rotor, so besteht zwischen dessen Leiterstäben und dem Drehfeld keine Relativbewegung, die Leiterstäbe bleiben stromlos, und am Rotor greifen keine Kräfte an.

Wenn man dagegen das Drehfeld etwas schneller als den Läufer rotieren läßt, werden nach der Lenzschen Regel durch Induktion in den Leiterstäben Ströme zum Fließen kommen, die mit dem Drehfeld nach dem Grundgesetz

$$\vec{F} = Q \cdot \vec{V} \times \vec{B}$$

Kräfte hervorbringen, die sich zur einer zeitlich konstanten Umfangskraft aufsummieren. Damit ergibt sich im Gegensatz zum Wechselstrom-Kommutatormotor beim Drehstrom-Kurzschlußläufermotor ein zeitlich konstantes Drehmoment.

Um eine gewünschte Zugkraft zu erhalten, muß die Winkelgeschwindigkeit des Drehfeldes gegenüber der des Rotors geringfügig um einen Wert erhöht werden, der dem gewünschten Drehmoment etwa proportional ist. Wird die Winkelgeschwindigkeit des Drehfeldes kleiner als die des Rotors gemacht, kehren alle Kräfte ihre Richtung um, das entwickelte Drehmoment wirkt bremsend, ohne daß an der Schaltung der Stromkreise etwas geändert werden muß. Um einen Drehstrommotor in dieser Art zu speisen, wird eine dreiphasige Spannungsquelle benötigt, deren Frequenz etwa proportional mit der Fahrgeschwindigkeit V verstellt werden muß. Die Umsetzung von elektrischer in mechanische Energie geschieht in den ruhenden Ständerwicklungen, zwischen deren Leitern und dem rotierenden Magnetfeld eine Relativbewegung stattfindet. Der Strom, der den ruhenden Ständerwicklungen ohne jeden beweglichen Kontakt zugeführt werden kann, besteht einerseits aus einem Anteil, der zur Erregung des gewünschten Dreh-

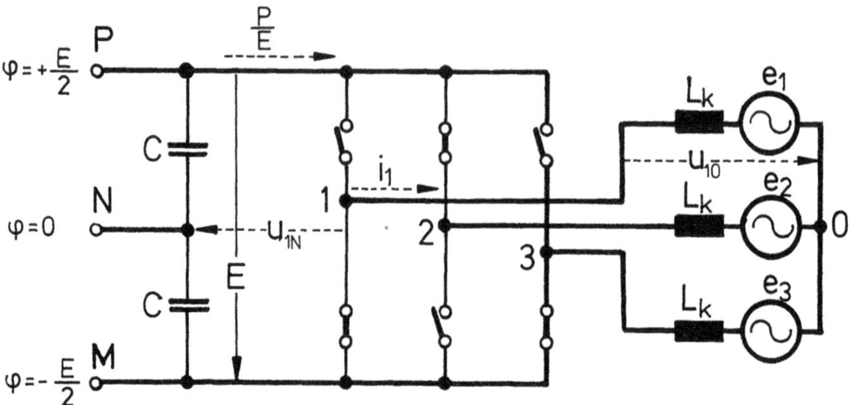

Bild 5: Prinzipschaltbild für Drehstromwechselrichter mit Motorlast.

feldes dient und andererseits aus einem Anteil, der zur magnetischen Kompensation der Rotorströme dient. Eine besondere Kompensationswicklung ist ebensowenig notwendig wie eine Wendepolwicklung. Die Höhe der Spannungen, die erforderlich sind, um die Ströme durch die Ständerwicklungen zu treiben, ist bei konstanter Stärke des Drehfeldes etwa proportional zur Fahrgeschwindigkeit V. Dies bedeutet, daß nicht nur die Frequenz der Motorspannungen in weiten Grenzen geändert werden muß, sondern auch deren Amplituden. Spannungsquellen, die das ermöglichen, lassen sich mit wirtschaftlich vertretbarem Aufwand nur mit Hilfe der Leistungselektronik realisieren.

Bei der BR 120 dienen dazu selbstgeführte Wechselrichter, die aus einer konstanten Gleichspannung ein dreiphasiges System von Wechselspannungen bilden. Das geschieht im Prinzip dadurch, daß, wie in Bild 5 symbolisch dargestellt, mit Hilfe von drei elektronischen Schalterpaaren die drei Anschlußpunkte der Drehstromlast, in einer bestimmten Reihenfolge, abwechselnd mit dem positiven Anschluß P und dem negativen Anschluß M einer Gleichspannungsquelle zyklisch verbunden werden. Pro Halbschwingung der Ausgangswechselspannung eines Schalterpaares muß mindestens eine Umschaltung erfolgen, man bezeichnet diesen Fall als „Grundfrequenztaktung".

In Bild 6 ist ein Betriebsfall mit sogenannter Dreifachtaktung dargestellt. Hier erfolgen pro Schalterpaar und Halbschwingung der Lastspannung drei Umschaltungen. Für den „Steuerwinkel" $\alpha = 0°$ geht die Dreifachtaktung in die Grundfrequenztaktung über, man erhält dann die größtmögliche Lastspannung. Die Amplitude ihrer Grundschwingung berechnet sich zu

$$\hat{U}_{gmax} = \frac{4}{\pi} \cdot \frac{E}{2};\ \alpha = 0.$$

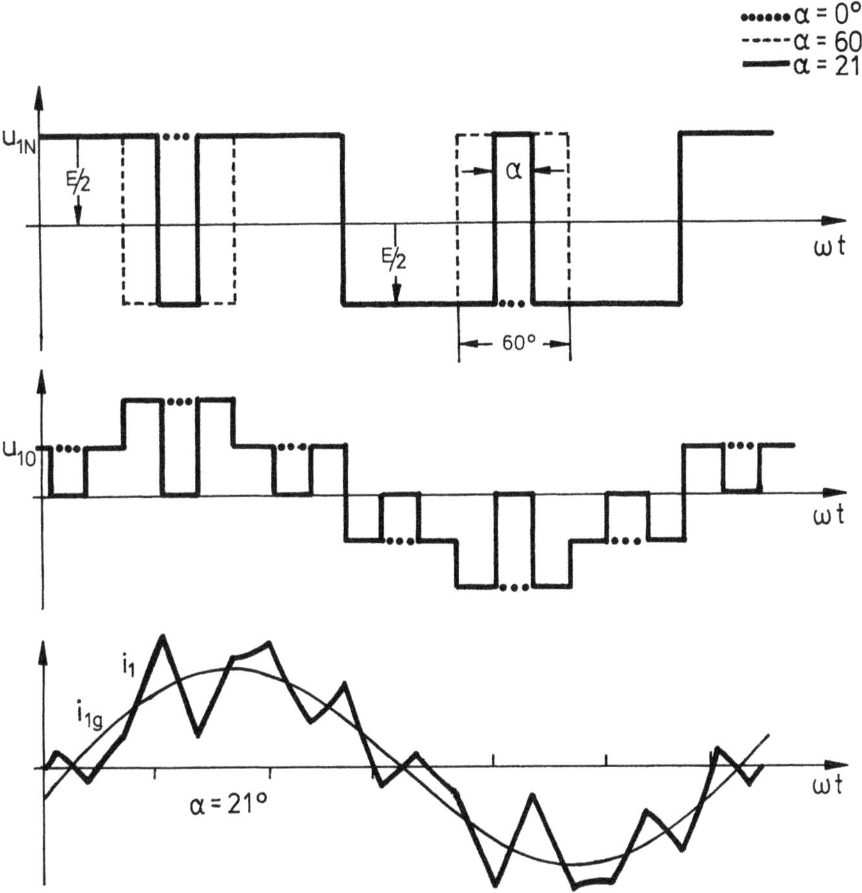

Bild 6: Spannungen und Ströme eines selbstgeführten Drehstromwechselrichters bei Motorlast; oben: Wechselrichterspannung, mitte: Lastspannung, unten: Laststrom.

Immer wenn alle drei Schalterpaare das gleiche Potential auf die drei Lastanschlußpunkte durchschalten, haben alle Lastspannungen, das sind die Potentialdifferenzen, den Wert Null. Für den Steuerwinkel $\alpha = 60°$ bestehen alle drei gegenüber dem Bezugspotential N gemessenen Ausgangsspannungen aus phasengleichen Wechselspannungen dreifacher Grundfrequenz, die drei Lastspannungen würden bei $\alpha = 60°$ alle dauernd den Wert Null annehmen. Mit Hilfe des Steuerwinkels α kann also die Größe der Lastspannungen stetig verändert werden, ihre Periodendauer durch die Frequenz der zyklischen Umschaltungen. Der sogenannte Drehsinn des Systems der Ausgangsspannungen hängt davon ab, ob, in bezug zum Schalterpaar am Anschlußpunkt 1, das Schalterpaar am Anschlußpunkt 2 um $\frac{1}{3}$ der Periodendauer und das Schalterpaar am Anschlußpunkt 3 um $\frac{2}{3}$ der Periodendauer nacheilend betätigt wird oder umgekehrt. Beim Wechsel des Drehsinns der Lastspannungen wechselt bei Drehstrommotoren auch ihre Drehrichtung. Der Wechsel zwischen Vorwärts- und Rückwärtsfahrt einer Lokomotive kann auf diese Weise rein elektronisch und ohne Umschaltung der Starkstromkreise bewirkt werden.

Wenn man vom System der gegen das Bezugspotential N gemessenen Ausgangsspannungen die gleichphasigen Anteile, die keinen Beitrag zu den Potentialdifferenzen der Lastanschlußpunkte liefern, abzieht, erhält man den Zeitverlauf der Spannungen an einer in Sternschaltung betriebenen Last, bezogen auf das Potential des Laststernpunktes. Das Strom-Spannungsverhalten eines Stranges eines Drehstrom-Kurzschlußläufermotors kann man, wie in Bild 5 dargestellt, mit guter Näherung durch eine Ersatzschaltung beschreiben, bei der eine Quelle mit sinusförmig schwingender Spannung mit der sogenannten Kurzschlußinduktivität L_k des Motors in Reihenschaltung verbunden ist. Größe und Phasenanlage der sinusförmigen Spannung werden durch den jeweiligen Betriebspunkt des Drehstrommotors bestimmt, d. h. im wesentlichen durch seine Drehzahl und sein Drehmoment. Aufgrund der durch den Umrichter vorgegebenen Lastspannung läßt sich dann der Laststrom in einfacher Weise bestimmen.

Wie Bild 6 zeigt, enthält der Laststrom i_1 außer der gewünschten Grundschwingung i_{1g} auch noch höhere Harmonische, deren Größe mit dem Steuerwinkel α wächst. Wie schon erwähnt, sinkt bei der Speisung von Drehstrommotoren mit verringerter Spannung die Frequenz in etwa proportionaler Weise und damit auch der Scheinwiderstand der Kurzschlußreaktanz im Motorersatzschaltbild. Mit größer werdendem Steuerwinkel α wächst dann der Oberschwingungsanteil im Laststrom stark an. Man verstellt deshalb die Spannung und Frequenz, wie in Bild 7 dargestellt, bei Dreifachtaktung nur um etwa 35% des größten Wertes, der sich bei $\alpha = 0°$ ergibt, und geht dann zur sogenannten Fünffach-Taktung und später zu noch höheren Umschaltzahlen pro Halbperiode über. Auf diese Weise kann die ideale Sinusform der Lastspannung immer besser angenähert werden und der Anteil der höheren Harmonischen im Laststrom bleibt dann trotz sinkender Kurzschlußreaktanz auf zulässige Werte begrenzt, ohne daß eine Taktfrequenz von 200 Hz überschritten wird.

Wie schon gesagt, liegt im Vergleich zum Antriebssystem mit Wechselstrom-Kommutatormotoren ein besonderer Vorteil des Lokomotivantriebs durch Drehstrom-Kurzschlußläufermotoren unter anderem darin, daß das Drehmoment nahezu zeitlich konstant ist. Bei zeitlich konstanter Drehzahl ist dann auch die Leistung, die die Motoren über den Dreiphasenwechselrichter der Gleichspannungsquelle entnehmen, zeitlich konstant. Wird einem Einphasennetz mit sinus-

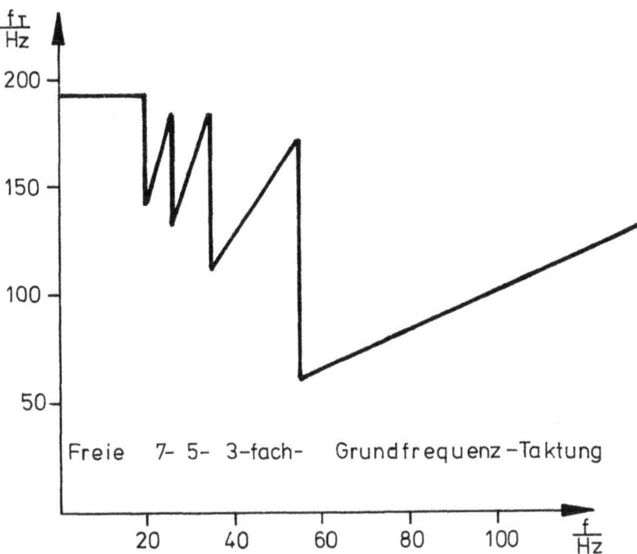

Bild 7: Taktfrequenz als Funktion der Ausgangsfrequenz.

förmigem Spannungsverlauf Energie entnommen, hat der Strom genau dann den kleinstmöglichen Effektivwert, wenn keine höheren Stromharmonischen vorhanden sind, d. h. wenn der Strom denselben Kurvenverlauf wie die Spannung aufweist. Dem Mittelwert der Leistung, das ist das Maß für die übertragene Energie, ist dann eine harmonische Leistungsschwingung von doppelter Spannungsfrequenz überlagert. Im Optimalfall, wenn zwischen Spannungsschwingung und Stromschwingung kein Phasenunterschied auftritt, ist die Amplitude der Leistungsschwingung genau so groß wie der zeitlich konstante Mittelwert. Der in diesem Betriebszustand dem Netz entnommene Strom heißt „Wirkstrom". Zusätzliche Ströme, die am Mittelwert der Leistung nichts ändern, werden „Blindströme" genannt und sind im Prinzip unerwünscht. Um den beschriebenen selbstgeführten Drehstromwechselrichter unter diesen Umständen aus dem Einphasenbahnnetz mit konstanter Leistung zu speisen, wird ein Gleichrichtersystem benötigt, das unbedingt Energiespeicher enthalten muß, denn die dem Einphasennetz entnommene Leistung und die an den Drehstromwechselrichter abgegebene Leistung stimmen nur im Mittel, nicht aber ständig überein. Eine systematische Untersuchung der energetischen Gesetzmäßigkeiten bei Energieübertragungssystemen, die an einen Verbraucher im stationären Betrieb zeitlich konstanten Gleichstrom bei konstanter Gleichspannung abgeben und die dabei dem speisenden Einphasennetz nur Wirkstrom entnehmen, führte auf zwei zueinander duale Lösungen mit eindeutig definierbarem, zeitvariantem Übertragungsverhalten.

Für den Fall, daß die Gleichspannung E und der Wechselstrom $i_\sim$ Zustandsgrößen sind, kann das Verhalten des für diesen Fall idealen Übertragers im stationären Betrieb durch folgende Gleichungen beschrieben werden:

$$u \cdot i_\sim \equiv E \cdot i_= \quad (1)$$

$$E \cdot \ddot{u}(\omega t) \equiv u \quad (2)$$

$$\ddot{u}(\omega t) \cdot i_\sim = i_= \quad (3)$$

Gleichung (1) besagt, daß der ideale Übertrager verlustfrei arbeitet und keine Speicher enthält, deren Energieinhalt sich ändert. Durch Gleichung (2) wird das zeitvariante Übertragungsverhalten definiert, das den geforderten optimalen Betrieb ermöglicht, bei dem der Zeitverlauf des Stromes mit dem der Spannung übereinstimmt. Das durch Gleichung (3) beschriebene Stromübertragungsverhalten folgt aus (1) und (2). Setzt man für den Spannungs- und Stromverlauf speziell

$$u = k \cdot \hat{u} \cdot \cos\omega t \qquad 0 < k_{min} < k \leqq 1$$
$$i = \hat{\imath} \cos\omega t \quad (4)$$

so können durch den Faktor k die betrieblichen Spannungsschwankungen des Einphasennetzes berücksichtigt werden. Der zeitlich konstante Teil der Leistung, die Wirkleistung P ist dann

$$P = k \cdot \frac{1}{2} \cdot \hat{u} \cdot \hat{\imath}.$$

Aus den Gleichungen (2) und (3) ergeben sich die Spannungsübersetzung $\ddot{u}(\omega t)$ des idealen Übertragers und sein Ausgangsstrom $i_=$ zu

$$\ddot{u}(\omega t) \equiv \frac{\hat{u}}{E} \cdot k \cdot \cos\omega t \quad (6)$$

$$i_= = \hat{\imath} \cdot \frac{\hat{u}}{E} \cdot k \cdot \cos^2\omega t$$
$$= \frac{P}{E}(1 + \cos 2\omega t) \quad (7)$$

Der konstante Anteil $\frac{P}{E}$ des Ausgangsstromes $i_=$ wird von der Last aufgenommen. Der mit doppelter Netzfrequenz harmonisch schwingende Anteil muß über ein an der konstanten Spannung E liegendes Energiespeicherglied fließen. Dieses kann in besonders einfacher Weise als ein auf die doppelte Netzfrequenz abgestimmter L-C-Reihenresonanzzweig ausgeführt werden, wie in Bild 4 eingezeichnet. Bedingt durch die schaltende Betriebsweise der in der Leistungselektronik

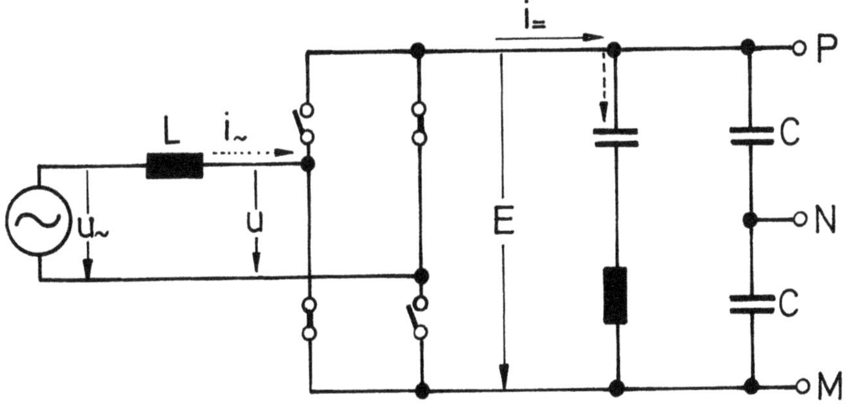

Bild 8: Prinzipschaltbild für Wechselstromgleichrichter mit Zwischenkreislast.

eingesetzten elektronischen Ventile kann eine sich stetig ändernde Spannungsübersetzung gemäß Gleichung (6) nicht verwirklicht werden. Benutzt man z. B., wie in Bild 8 symbolisch dargestellt, zwei der schon beschriebenen elektronischen Schalterpaare als selbstgeführten Stromrichter, um aus der konstanten Gleichspannung E eine Wechselspannung u zu bilden, so kann die Übersetzung eines solchen „Vierquadrantstellers" nur die diskreten Werte

$$\ddot{u}(\omega t) = \begin{matrix} +1 \\ \pm 0 \\ -1 \end{matrix}$$

annehmen. Durch Pulsbreitenmodulation kann man aber den gewünschten, rein harmonischen Verlauf der Spannung u umso besser annähern, je größer die Zahl der Spannungsimpulse pro Viertelschwingung der Wechselspannung u gemacht werden kann.

Die in Bild 9 oben dargestellte Impulskette besitzt z. B. pro Viertelschwingung vierzehn frei wählbare Parameterwinkel $\alpha_1 \ldots \alpha_{14}$. Durch entsprechende Wahl dieser Parameter ist es z. B. möglich, für die ersten vierzehn Harmonischen der Spannung u, die nur ungerade Ordnungszahlen aufweisen, eine gewünschte Amplitude einzustellen. Für die erste Harmonische, die Grundschwingung, ist dies die vom Einphasennetz her bestimmte Amplitude

$$\hat{u}_1 = k \cdot \hat{u},$$

für die dreizehn nächsten Harmonischen $u_3 \ldots u_{27}$ kann der Amplitudenwert Null verwirklicht werden. Damit die verbleibenden Harmonischen u_{29}; u_{31}; $u_{33} \ldots$ keinen merklichen Strom über die Netzmasche treiben können, muß wie

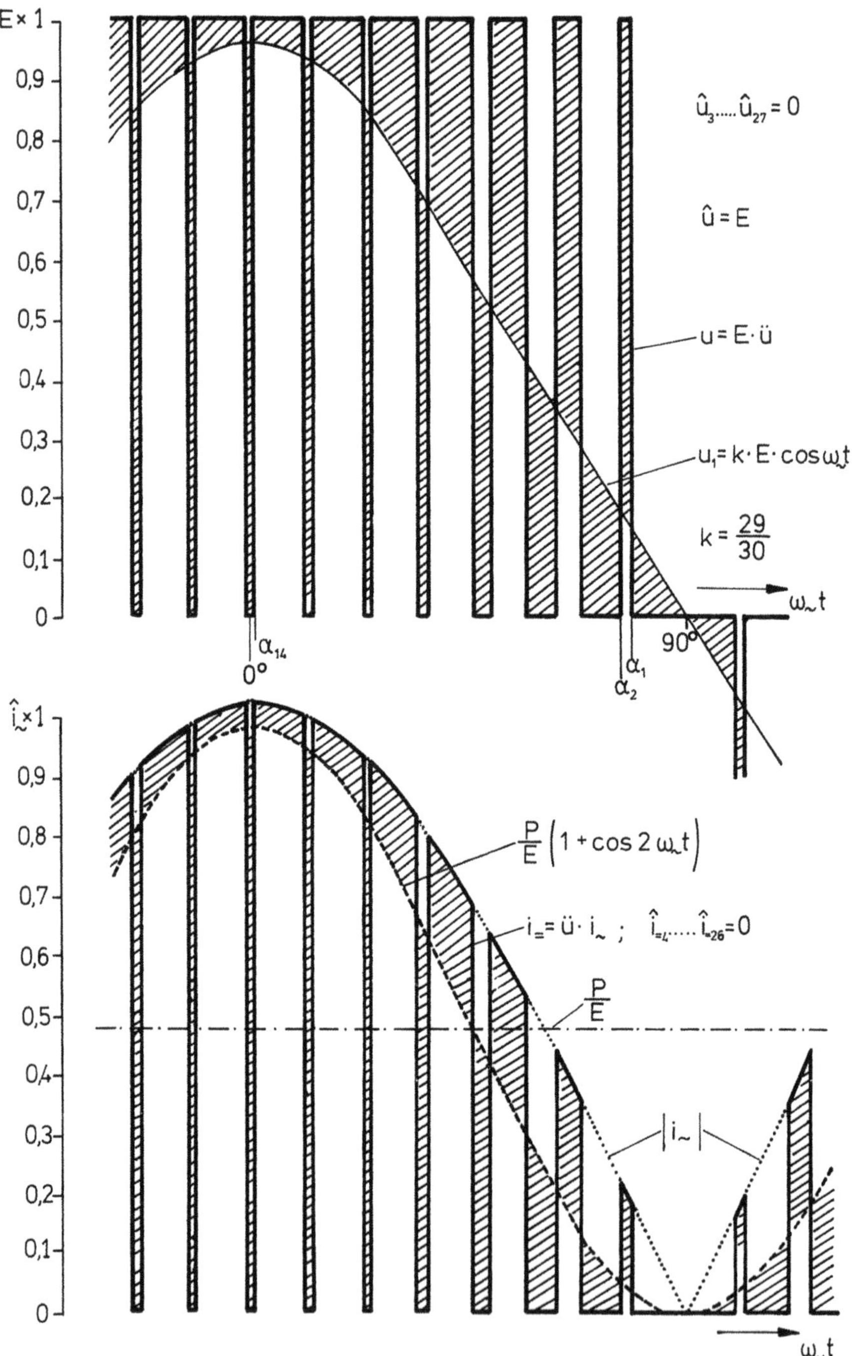

Bild 9: Zeitverlauf von Schaltungsgrößen beim Wechselstromgleichrichter; oben: Eingangsspannung, unten: Ausgangsstrom.

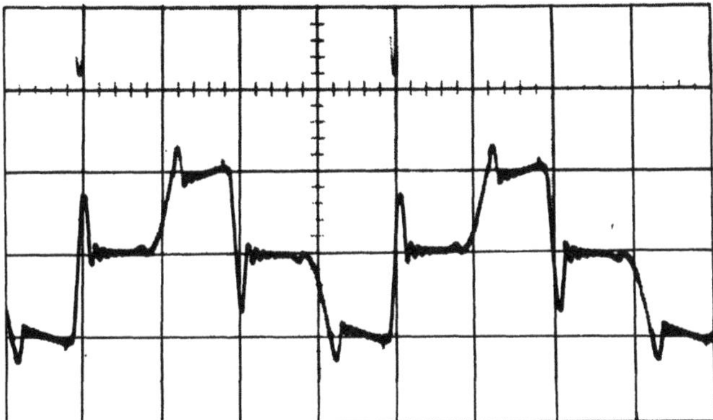

Bild 10: Netzstrom eines LUB-Stromrichters.

in den Bildern 4 und 8 dargestellt, eine zusätzliche Induktivität L als Tiefpaßglied vorgesehen werden. Auf diese Weise kann man mit guter Näherung erreichen, daß der Netzstrom $i_{\sim}$ entsprechend der angestrebten cos-Funktion verläuft.

Den Strom $i_{=}$ auf der Zwischenkreisseite des Übertragers erhält man nach Gleichung (3), wenn man den Wechselstrom $i_{\sim}$ mit $ü(\omega t)$ multipliziert. Stellt man die Funktion $ü(\omega t)$ durch ihre Fourier-Reihe dar, so erhält man durch diese Multiplikation im vorliegenden Fall außer dem Gleichglied P/E und dem Wechselanteil mit der doppelten Netzfrequenz nur noch Harmonische mit geraden Ordnungszahlen, beginnend mit $i_{=28}$; $i_{=30}$; ... Damit diese eingeprägten Stromharmonischen keine merklichen Wechselspannungen zusätzlich zum konstanten Anteil E der Zwischenkreisspannung verursachen, wird ein zusätzlicher Kondensator C als Hochpaßglied parallel zum Filterschwingkreis geschaltet. Mit Hilfe dieses einphasigen Stromrichtersystems ist unter stationären Betriebsbedingungen eine nahezu ideale Umwandlung von Wechselstromenergie in Gleichstromenergie möglich. Weitere Untersuchungen zeigten, daß das gewünschte Verhalten auch bei schnellen betrieblichen Belastungsänderungen und in Störungsfällen sichergestellt werden kann.

Erst aufgrund dieser Ergebnisse war es möglich, die von der DB für Hochleistungslokomotiven geforderten Randbedingungen für Leistungs- und Verschiebungsfaktor im Einphasennetz ($\lambda > 0{,}9$; $\cos\varphi_1 = 1$) und für besondere Harmonische des Netzstromes (z. B. $i_{100\,Hz} < 2\,A$) mit wirtschaftlich vertretbarem Aufwand einzuhalten. Mit den bis dahin üblichen Gleichrichtungssystemen der Leistungselektronik wird das nicht erreicht, wie das in Bild 10 dargestellte Oszillogramm des Fahrdrahtstromes eines älteren, mit Stromrichtern arbeitenden Triebfahrzeuges zeigt.

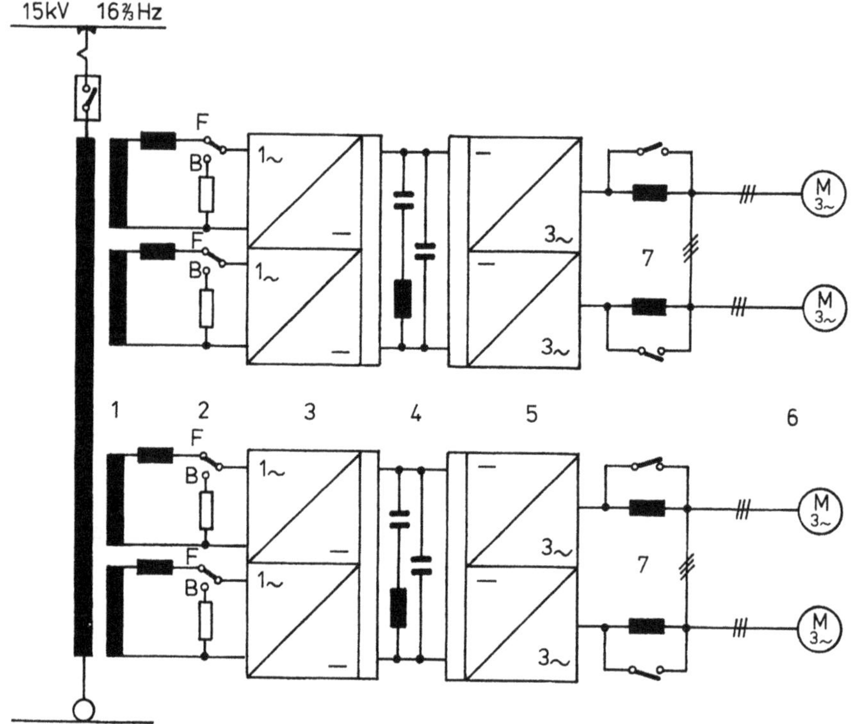

Bild 11: Prinzipschaltbild der Drehstromlokomotive BR 120
(Legende: F Fahren, B Bremsen, 1 Transformator, 2 Bremswiderstände, 3 Vierquadrantsteller, 4 Zwischenkreise, 5 Wechselrichter, 6 Fahrmotoren, 7 Motorvordrosseln)

Um die von der DB geforderte Funktionsredundanz zu gewährleisten, arbeiten bei der BR 120 je zwei Vierquadrantsteller auf einen gemeinsamen Gleichspannungszwischenkreis, wie in Bild 11 dargestellt. Über zwei parallel arbeitende selbstgeführte Drehstromwechselrichter werden die parallelgeschalteten Motoren eines Drehgestells über bei höheren Frequenzen überbrückte Drosselspulen gespeist. Die gleiche Anordnung ist noch einmal für die Speisung der Motoren des zweiten Drehgestells vorhanden. Die Pulsbreitenmodulationssysteme der vier Einspeisestromrichter sind so aufeinander abgestimmt, daß alle Systeme zusammen wie ein Vierquadrantsteller wirken, der mit der vierfachen Taktfrequenz arbeitet. Wie Bild 12 zeigt, enthält der resultierende Netzwechselstrom deshalb sehr viel weniger Oberschwingungen als der Eingangswechselstrom eines einzelnen Stellers. Die betriebliche Leistungssteuerung der Antriebsmotoren erfolgt über die Differenz zwischen der Rotationsfrequenz der Motorenläufer einerseits und der des magnetischen Drehfeldes der Motoren andererseits. Der Leistungsfluß

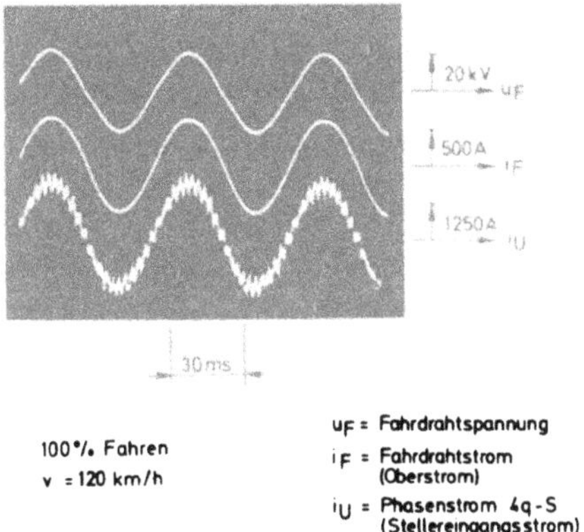

Bild 12: Gemessene Wechselstromgrößen bei der BR 120.

vom Einphasenbahnnetz zur Lokomotive oder in umgekehrter Richtung erfolgt durch die Steuerung von Phasenlage und Amplitude der Wechselspannung der Vierquadrantsteller. Nur für den Fall eines Netzausfalls sind besondere Bremswiderstände vorgesehen. Aufgrund der beim intensiven Probebetrieb gewonnenen Erfahrungen wird man zukünftig auf diese 1,2 t schweren Widerstände verzichten.

Abschließend soll anhand der in Tabelle 2 (Seite 24) dargestellten Reihenfolge der wichtigsten Entwicklungsschritte ein Eindruck bezüglich Umfang, Aufwand und Zeitbedarf einer technischen Entwicklung im Hochleistungsbereich gegeben werden. Wie man sieht, erfordern neue Systeme in der Energietechnik eine ganze Reihe von Vor- und Zwischenstufen. Der Aufwand an Personal, Kapital und Zeit ist erheblich.

1969	Mit Gleichstrom gespeister Lokomotivantrieb mit Drehstrommotoren betriebsfähig entwickelt. Dauerleistung 1,2 MW. Luftgekühlter Stromrichter.
1971	Prinzipidee für Einphasenstromrichter mit sinusförmigem Netzstrom und gut geglätteten Gleichgrößen. Patentanmeldung. Erste Gespräche mit der DB über Hochleistungslokomotiven mit Drehstromantrieb.
1972	Laborerprobung des neuen Einphasenstromrichters. Planung eines „Steuerwagens" zur Energieversorgung einer Diesel-Drehstromlokomotive aus dem DB-Fahrdraht.
1972 bis 1974	Bau des Steuerwagens und Versuchsfahrten zusammen mit Diesel-Drehstromlokomotive.
1974	Abschluß einer Dissertation über die Grundlagen des neuen Einphasenstromrichters.
1974 bis 1975	Laborgroßversuch mit für die BR 120 vorgesehenen Komponenten, Dauerleistung 1,4 MW, Umstellung auf ölgekühlten Stromrichter.
1975	Erarbeitung des Anforderungskatalogs der DB an die BR 120.
1976	Herausgabe des Lastenheftes und Ausschreibung des Mechanteils der BR 120 durch die DB. Abschluß des Entwicklungsvertrages für den Elektro-Teil mit BBC-Mannheim.
1977	Abschluß des Liefervertrages für 5 Lokomotiven BR 120.
1978	Abschluß einer weiteren Dissertation über verschiedene Steuerverfahren des neuen Einphasenstromrichters.
1979	Erteilung des Deutschen Patentes 2159397.
1979	Auslieferung und Inbetriebnahme der 5 Lokomotiven.
bis 1982	Erfolgreicher Erprobungsbetrieb. Ziel: Erklärung der Serienreife.

Tabelle 2: Zeitablauf der BR 120-Entwicklung

a) E 120 mit Drehstromantrieb vor Güterzug

b) E 120 vor Intercity-Zug

Tafel II: Lokomotivmotor mit Kommutator; oben: Läufer, unten: Ständer.

Tafel III: Drehstromlokomotivmotor mit Kurzschlußläufer; oben: Läufer, unten: Ständer.

a) Polmodul der BR 120

b) Stromrichter der BR 120 mit fünf Polmodulen

Tafel IV

Schrifttum, Bild- und Datenquellen

[1] GIERTH, E.; SEIBERT, K. W.: Die elektrische Co'Co'-Schnellzuglokomotive Baureihe E 03 der Deutschen Bundesbahn. Elektrische Bahnen 36 (1965), H. 10, S. 230–251.

[2] DEPENBROCK, M. (Erfinder): Deutsche Patentschrift 21 59 397, 14. 6. 73 (Offenlegungstag)

[3] DEPENBROCK, M.: Einphasen-Stromrichter mit sinusförmigem Netzstrom und gut geglätteten Gleichgrößen. ETZ-A Bd. 94 (1973), H. 8, S. 466–471.

[4] KEHRMANN, H.; LIENAU, W.; NILL, R.: Vierquadrantensteller – eine netzfreundliche Einspeisung für Triebfahrzeuge mit Drehstromantrieb. Elektrische Bahnen 45 (1974), H. 6, S. 135–142.

[5] DAUM, D.: Untersuchung eines Einphasen-Stromrichters mit nahezu sinusförmigem Netzstrom und gut geglätteten Gleichgrößen. Dissertation 1974, Ruhr-Universität Bochum.

[6] KLINGER, G.: Toleranzbandregelung mit optimaler Stellgrößenauswahl für netzrückwirkungsarme Einphasen-Stromrichter. Disssertation 1978, Ruhr-Universität Bochum.

[7] MORITZ, W.-D.; RÖHLK, J.: Drehstrom-Asynchronfahrmotoren für elektrische Triebfahrzeuge. Elektrische Bahnen 50 (1979), H. 3, S. 65–71.

[8] RENTMEISTER, M.: Grenzen der Leistungsfähigkeit elektrischer Triebfahrzeuge. Elektrische Bahnen 77 (1979), H. 8, S. 220–226.

[9] GÜTHLEIN, H.: Die neue elektrische Lokomotive 120 der Deutschen Bundesbahn in Drehstromantriebstechnik. Elektrische Bahnen 77 (1979), H. 9, S. 248–257.

[10] GAMMERT, R.: Die elektrische Ausrüstung der Drehstromlokomotive Baureihe 120 der Deutschen Bundesbahn. Elektrische Bahnen 77 (1979), H. 10, S. 272–283.

[11] HACKSTEIN, H.: Stromrichter-Traktionstechnik bei der Deutschen Bundesbahn; Stand und Ausblick. Elektrische Bahnen 78 (1980), H. 12, S. 319–328.

[12] GÜTHLEIN, H.; KÖRBER, J.: Von der Idee der Drehstromantriebstechnik bis zur Lokomotivbaureihe 120 – Beispiel einer langjährigen Zusammenarbeit zwischen DB und Industrie. Elektrische Bahnen 80 (1982), H. 4, S. 126–131.

Diskussion

Herr Fettweis: Sie haben sehr betont, daß Lokomotiven nicht zu schwer sein dürften. Diese dürfen aber auch nicht zu leicht sein, denn die Zugkraft muß ja auch auf die Schiene übertragen werden. Ich meine, dies wäre früher zumindest bei Dampflokomotiven ein Problem gewesen, so daß es wegen des beschränkten Reibungskoeffizienten zum Durchdrehen der Räder kommen konnte.

Ist man bei elektrischen Loks so weit von einer solchen Grenze entfernt, daß man auch bei Hochleistungsmaschinen immer noch fordern kann, das Gewicht möglichst herunterzusetzen? Oder kommt man auch da in die Nähe eines Bereichs, wo es kritisch werden könnte?

Herr Depenbrock: Sie wissen, der Reibungskoeffizient ist eine Wissenschaft für sich, und je nach Wetter und Schienenzustand gibt es da sehr unterschiedliche Werte. Bei trockener Schiene kann man aber immerhin bis zu $\mu = 0{,}4$ erhalten, und wenn man einmal ausrechnet, wie groß dann die Leistung pro Achse bei 20 t Achsdruck sein kann, dann kommt man bei 200 km/h auf eine Leistung von 2,2 MW pro Achse. Wir sind also von dieser theoretischen Grenze, da wir mit der E 120 erst bei 1,4 MW pro Achse liegen, noch ein ganzes Stück entfernt. Wir könnten somit bei unverändertem Gewicht die Leistung noch merklich steigern, wenn es notwendig wäre. Es ist aber keine betriebliche Notwendigkeit dafür gegeben.

Daß früher bei den Dampflokomotiven diese Schwierigkeiten auftraten, hängt wahrscheinlich damit zusammen, daß das Drehmoment dort nicht zeitlich konstant war. Dort sind, glaube ich, drei Zylinder eine normale Zylinderzahl, und wenn man über dem Drehwinkel das entwickelte Moment aufträgt, dann sind dem Mittelwert noch sehr erhebliche Wechselanteile überlagert, und für das Durchdrehen ist natürlich leider der Höchstwert maßgebend.

Nun hatte ich schon darauf hingewiesen, daß ein besonderer Vorteil der Drehstromantriebstechnik darin besteht, daß das Drehmoment zeitlich konstant ist, so daß der Höchstwert und der für die nutzbare Zugkraft maßgebende Mittelwert übereinstimmen. Man könnte nun einwenden: Warum laufen dann die Lokomotiven mit Wechselstrommotoren auch ganz gut, das Drehmoment pulsiert mit ca. 33 Hz um ±100% und doch macht das mit dem Reibungsgewicht noch keine großen Sorgen? Diese 33 Hz sind vergleichsweise bezüglich der Massen-Feder-Kennwerte eines Antriebsstranges eine relativ hohe Frequenz. Die Ankopplung Motor/Schiene wird bewußt weich gemacht. Deshalb sind dort Federelemente zwischen Motor und Radreifen, so daß am Radumfang von den 33 Hz-Momentpulsationen nicht mehr allzu viel zu bemerken ist. Darum funktionieren diese Einphasen-Wechselstromantriebe auch recht gut.

Auf Ihre Frage kann ich deshalb abschließend sagen: Im Augenblick würde man es z. B. im Hinblick auf die Oberbaubeanspruchung tun, wenn man noch leichter bei gleichen Kosten bauen könnte.

Herr Flohn: Eine Frage eines völligen Laien: Woher kommt das hohe Gewicht der Stromrichter?

Herr Depenbrock: Zur Beantwortung dieser Frage muß ich wohl zusätzlich Bild 13 zeigen. Von den erwähnten Thyristorventilen braucht man eine recht hohe Anzahl. Es ist z. B. bei dem Drehstromwechselrichter nicht mit sechs Thyristoren getan, wie man aufgrund des Prinzipschaltbildes 4 glauben könnte. Um das

Bild 13: Pol eines selbstgeführten Stromrichters; oben: Prinzipbild eines Schalterpaares, unten: Schaltbild für Ausführung mit Thyristoren.

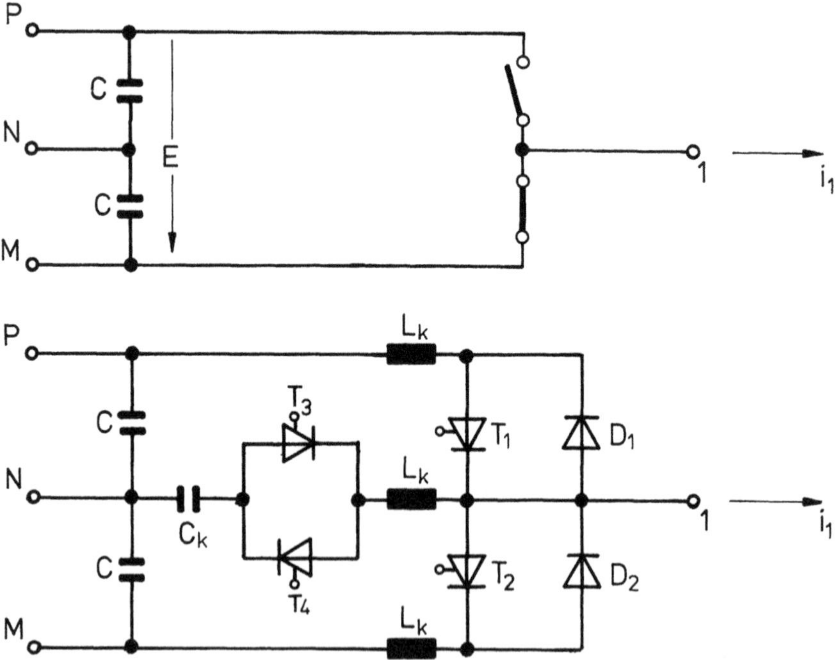

geforderte Schaltvermögen zu erreichen, müssen z. B. bei jedem Schalterelement zunächst vier Thyristoren in Reihe geschaltet werden. Die oben in Bild 13 symbolisch dargestellte Anordnung eines Schalterpaares besteht in Wirklichkeit aus der darunter dargestellten komplexen Schaltungsstruktur. Jedem der im oberen Teilbild symbolisch dargestellten Schalter entspricht in Wirklichkeit die Parallelschaltung mindestens eines Thyristors (T_1 bzw. T_2) mit mindestens einer Diode (D_1 bzw. D_2). Wie schon einleitend erwähnt, haben Thyristoren die Eigenschaft, daß man sie aus dem Sperrzustand heraus durch einen Stromstoß über ihren Steueranschluß leitend machen kann, aber man kann sie, wenn ein Strom in Durchlaßrichtung über die Hauptanschlüsse fließt, durch keinerlei Maßnahmen an der Steuerelektrode wieder in den Sperrzustand zurückversetzen. Um das zu ermöglichen, benötigt man zusätzlich die sogenannten Löschthyristoren (T_3 bzw. T_4), den Kommutierungskondensator C_K und die Kommutierungsdrosseln L_K. Nehmen Sie die Zahl aller dieser Halbleiterelemente mal vier, dann haben Sie das, was allein an Thyristoren und Dioden für ein einziges Schalterpaar heute noch benötigt wird. Tafel IVa) zeigt die konstruktive Ausführung eines solchen Schalterpaar-Moduls. Fünf solcher Module, drei für den Drehstromwechselrichter, zwei für den Wechselstromgleichrichter, sind, wie Tafel IVb) zeigt, konstruktiv zu einem von insgesamt vier gleichen Stromrichtern zusammengefaßt. Ein solcher Schrank benötigt die volle lichte Höhe des Lokomotivraumes, die einzelnen scheibenförmigen Thyristoren sind soeben noch als Detail erkennbar, dazwischen sind immer Ölkühldosen, die die in den Halbleitern entstehende Verlustwärme zunächst an das Kühlmittel Öl übertragen. Das Öl wird dann in einem mit Luft beblasenen Wärmetauscher rückgekühlt. Wenn man alle Gewichte von Halbleitern, Kondensatoren, Drosseln, Kühl- und Konstruktionselementen summiert, kommt man auf die angegebene Gesamtmasse für die Stromrichter.

Herr Engl: Ich habe drei kurze Fragen. Die erste Frage ist: Wie groß ist der thermische Wirkungsgrad des Wechselrichters? Also: Wieviel Prozent der Leistung gehen in die Kühlung?

Die zweite Frage: Welche physikalischen Daten hat der hier eingesetzte größte Thyristor?

Und die dritte Frage: Glauben Sie, daß die neuere Entwicklung der selbstsperrenden Thyristoren dahin führen wird, daß man sie in Zukunft auch für diesen Leistungsbereich einsetzen können wird?

Herr Depenbrock: Zur Frage des Wirkungsgrades ist es vielleicht am einfachsten, den Gesamtwirkungsgrad anzugeben. Er beträgt $\eta = 0{,}86$. Von der am Stromabnehmer eingespeisten Energie bis zum Zughaken der Lokomotive gehen also

14% verloren. Auf das Konto der Stromrichter geht davon sehr wenig, und zwar maximal ca. 90 kW, im Mittel deutlich weniger. Bei einer Lokomotive der bisherigen Bauart mit dem einfachen Umformungssystem ist beispielsweise der Wirkungsgrad bei der E 151 mit 0,87 gemessen worden. Das heißt also, daß bei der E 120 durch die Stromrichter selber, obwohl dort zunächst Wechselstromenergie in Gleichstromenergie umgewandelt wird und dann wieder von der Gleichstromenergie Drehstromenergie gebildet wird, sehr wenig verlorengeht.

Zur zweiten Frage kann man sagen: Die Zwischenkreisspannung beträgt 2,8 kV, und um die zu beherrschen, mußte man von der damaligen Thyristorgeneration – man muß ja die langen Zeiten sehen, die eine solche Entwicklung braucht – vier in Reihe schalten. Jeder dieser Thyristoren darf periodisch mit Spannungen bis zu 1400 V beansprucht werden, der Dauergrenzstrom beträgt 885 A. Würde man die heute auf dem Markt erhältlichen Thyristoren nehmen, brauchte man mit Sicherheit höchstens drei, in absehbarer Zukunft sogar nur zwei in Reihe zu schalten. Die heutigen Thyristoren – Sie haben es teilweise an den Daten gesehen, die auf den gezeigten Mustern standen – würden also schon gestatten, die Zahl der Thyristoren erheblich zu senken.

Die dritte Frage ging dahin, ob die über die Steuerelektrode wieder abschaltbaren Thyristoren in absehbarer Zeit hier Anwendung finden. Das ist mehr oder weniger Ansichtssache. Ich persönlich würde sagen, in den nächsten zehn Jahren mit Sicherheit nicht, bei diesen Leistungen im MW-Bereich nicht, schon allein wegen des langen Zeitbedarfs von Neuentwicklungen. Sie haben gesehen, daß es, nachdem man auf einer Leistungsbasis von 1,2 MW aufbauen konnte, etwa zehn Jahre gedauert hat, bis das alles in der Praxis zufriedenstellend lief. Daß man Elemente neuer Bauart, die jetzt aus den Entwicklungslabors erstmalig in die Schaltungspraxis kommen, bei den großen Leistungen serienmäßig einsetzt, wird in den nächsten fünfzehn Jahren wahrscheinlich nicht und in den nächsten zehn Jahren mit großer Sicherheit nicht der Fall sein, denn üblicherweise wird abgewartet, bis man diese neuen Bauelemente mit abgesicherter Qualität wahlweise bei mehreren Herstellern beziehen kann.

Herr von Zahn: Daß eine solche Lösung technisch möglich und sogar elegant ist, bedeutet ja noch nicht, daß sie auch ökonomisch sinnvoll ist. Können Sie uns verraten, wie sich der Preis einer BR 120 mit dem einer BR 103 vergleicht?

Herr Depenbrock: Über Preise kann ich Ihnen leider nichts sagen. Das wird sich bei den Firmen auch von Jahr zu Jahr ändern. Aber ich kann Ihnen sagen, was eigentlich der Beweggrund ist, solche Lokomotiven zu bauen. Das ist unter anderem eben die universelle Einsatzmöglichkeit. Man kann die Lokomotiven dieser Bauart tatsächlich viel freizügiger einsetzen als die vorhandenen Lokomotiven. Wenn eine E 151 einen Güterzug gezogen hat, und sie wird an dessen Zielpunkt nicht wieder für einen Güterzug benötigt, dann steht sie dort herum. Wenn dort, wo der Güterzug endete, aber gerade eine Schnellzuglokomotive benötigt wird, dann muß man jetzt eine E 103 nehmen, während man bei Verwendung der BR 120 dieselbe Lokomotive benutzen kann, so daß damit die Gesamtzahl der Lokomotiven mit Sicherheit kleiner gehalten werden kann. Die Einsatzmöglichkeiten sind also sehr vielseitiger, und das ist der Hauptgrund für die geplanten Beschaffungen. Alle anderen Vorteile – der gute Leistungsfaktor, die Netzbremse, die geringe Oberbaubeanspruchung durch leichte Drehgestelle, keine Pflege eines Kollektors, die Wartungsfreiheit usw. – würden für sich allein den sicher gegebenen Mehrpreis nicht rechtfertigen.

Herr von Zahn: Einen Mehrpreis in der Herstellung gibt es also?

Herr Depenbrock: Ja, mit Sicherheit.

Herr Schreyer: Ist damit Energieeinsparung gegeben? Wenn zum Beispiel ein D-Zug zum Tauerntunnel hochfährt, dann sind zwei Loks vorgespannt. Kann man sich die zweite Lok durch die neue Entwicklung sparen?

Herr Depenbrock: Auf der Tauernstrecke sind schon sehr leistungsfähige Lokomotiven eingesetzt, und da wird man keine Lokomotive einsparen können. Aber was diese neuen Lokomotiven jetzt erstmalig machen, ist die sogenannte Nutzbremsung. Elektrische Bremsung ist bei Lokomotiven überall vorhanden und wird benutzt. Aber es wird nur elektrisch gebremst und dann die elektrische Energie in Bremswiderständen verheizt, weil es nach der bisherigen Technik nicht lohnend war, den großen Aufwand zu treiben, um betriebssicher ins Netz zurückspeisen zu können. Bei dieser neuen Lokomotive ist das jetzt erstmalig in großem Maßstab gelungen, und man ist, wie ich Ihnen sagte, aufgrund des Probebetriebes zu der Erkenntnis gekommen: Die Netzausfälle sind so unwahrscheinlich, daß man auf die Bremswiderstände ganz verzichten wird. Man hat natürlich immer noch die mechanische Bremse. Es wird ja aus Sicherheitsgründen gefordert, daß mehrere voneinander unabhängige Bremssysteme vorhanden sein müssen. Man wird also, wenn das elektrische Netz ausgefallen ist, mechanisch bremsen. Die Nutzbremsung ergibt tatsächlich einen nicht unbeträchtlichen Einsparungseffekt, zwischen 5 und 12%, wie Messungen gezeigt haben, vor allem im Städteverkehr, wenn die Haltestellenabstände relativ klein sind. Bei sehr langen Fahrten schlägt es nicht ganz so erheblich zu Buche, was bei der Nutzbremsung zurückgewonnen werden kann. Es könnte aber beispielsweise bei der Gotthardstrecke im Gefälle noch eine erheblich größere Energieeinsparung bewirkt werden.

Herr Steiner: Wie groß ist die Störanfälligkeit eines solchen Systems? Der Laie würde sich vorstellen, daß sie bei einem so vielgliedrigen und feinnervigen System eigentlich sehr erheblich sein müßte. Wenn nur einer der Thyristoren ausfällt, dann funktioniert doch, wenn ich es recht sehe, die ganze Sache nicht mehr.

Herr Depenbrock: Das ist sicher richtig, und man hat deshalb von vornherein bei der Entwicklung – darin liegen auch die langen Zeitläufe begründet – darauf geachtet, daß bei diesen Problemen, soweit das technisch und auch wirtschaftlich machbar ist, das Menschenmögliche getan wird, und das Ergebnis ist erstaunlich.

Ich selber war auch ein wenig skeptisch, ob es richtig war, ein neues Schaltungskonzept und ganz neue Konstruktionskonzepte miteinander zu verbinden. Beispielsweise erstreckt sich die Ölkühlung nicht nur auf die Thyristoren. Zu jedem Thyristor gehört noch eine sogenannte Beschaltung. Das ist eine Reihenschaltung von Widerständen und Kondensatoren relativ kleiner Leistung, deren Verluste aber auch abgeführt werden müssen. Das wird auf dieser Lokomotive alles mit Öl gekühlt, und das verursacht einen wirklichen Berg von Problemen, die aber heute grundsätzlich als gelöst angesehen werden können.

Die eigentlichen elektronischen Steuerungen und die Thyristoren selber, das wußte man aus Erfahrung, führen wirklich nur in äußerst seltenen Fällen zu Störungen. In zwei Jahren Probebetrieb mit fünf Lokomotiven ist, glaube ich, in einem Fall oder in zwei Fällen einmal ein Thyristor-Fehler aufgetreten. Das ist also mit Sicherheit kein Problem.

Außerdem hat die Bundesbahn, wie ich sagte, auf Funktionsredundanz Wert gelegt. Wenn ein Vierquadrantsteller ausfällt, dann kann man zwar nicht mehr mit der vollen Leistung fahren, aber man kommt mit den restlichen Vierquadrantstellern mit Sicherheit noch zum nächsten Bahnhof. Daß eine Lok auf der Strecke liegenbleibt, ist sehr unwahrscheinlich und bisher auch nicht häufiger vorgekommen als bei den herkömmlichen Lokomotiven.

Herr Staufenbiel: Ich weiß nicht, ob ich es richtig verstanden habe: Haben Sie bei der Unterdrückung der höheren Harmonischen sowohl den Schaltzeitpunkt variiert wie die Dauer oder nur eines davon? Meine zweite Frage schließt daran an. Sie variieren auf jeden Fall einen dieser beiden Parameter oder vielleicht beide. Das erfordert doch, daß Sie ein Gleichungssystem von 13 bzw. 26 Gleichungen lösen. Das ist, wenn Sie Zeit haben, relativ einfach. Aber bei einem instationären Vorgang wäre es erforderlich, diese Rechenoperationen sehr schnell auszuführen. Das bedeutet, daß Sie einen aufwendigen Rechner benötigen. Ist das so?

Herr Depenbrock: Ganz so ist das nicht. Eine der Dissertationen, die ich erwähnte, hat einmal – man kann da eine Art Carnot-Prozeß definieren – das absolute Optimum untersucht. Da mußte man solche Optimierungsrechnungen durchführen, wie Sie sie gerade ansprachen. Es gibt natürlich auch suboptimale Verfahren, bei denen man das alles mit Hilfe einfacher Näherungen praktisch verzögerungsfrei machen kann, ursprünglich sogar in analoger Technik, heute digitalisiert, aber noch nach dem analogen Prinzip, indem man gewisse Modulationsverfahren, die aus der Nachrichtentechnik bekannt sind, auf diese MW-Leistungen anwendet. Dann ist das mit den Zeiten überhaupt kein Problem mehr. Es hat sich durch die zweite erwähnte Dissertation gezeigt, daß die Abweichungen zwischen dem absoluten Optimum und diesen suboptimalen Betriebsverfahren gar nicht so groß sind, daß es in der Praxis zu großen Schwierigkeiten führt. Man kann also die Forderungen der Bundesbahn ohne weiteres damit erfüllen. Da gibt es z.B. den sogenannten psophometrisch bewerteten Störstrom, der beispielsweise bei dieser Leistung von 5,6 MW im 15 kV-Fahrdraht 3,5 A nicht übersteigen durfte und nach Möglichkeit sogar kleiner als 1 A sein sollte. Besonders kritische Signalstromkreise der Deutschen Bundesbahn werden mit 100 Hz betrieben. Daher durfte die sechste Harmonische des Fahrdrahtstroms höchstens einen Effektivwert von 2 A haben. Alle diese Forderungen konnte man mit der heute gut beherrschbaren Technik einhalten. Auf dem Papier sind noch weitere Fortschritte möglich, im Augenblick aber technisch nicht gefragt.

Herr Domke: Wir haben im grenzüberschreitenden Verkehr viele unterschiedliche Stromarten. Würde die neue Bauweise es erlauben, solche Lokomotiven in einfacherer Weise den verschiedenen Stromarten anzupassen?

Herr Depenbrock: Nur sehr bedingt, möchte ich sagen. Es wäre beispielsweise relativ einfach, in den Niederlanden einen Betrieb mit 1,5 kV-Gleichspannung durchzuführen. Das ginge ohne sehr großen Aufwand, wobei allerdings die Frage auftritt, daß die Leistung von 5,6 MW für 1,5 kV-Gleichspannung sehr viel wäre. Das Fahrdrahtnetz kann das, sowiel ich weiß, gar nicht hergeben. Diese Lokomotive wäre da also vielleicht nicht ganz richtig am Platze.

Beispielsweise leistet der neue Hochgeschwindigkeitszug der französischen Staatsbahn, wenn er an 1,5 kV-Gleichspannung fährt, nur 3,1 MW, und bei 50 Hz/25 kV – das ist die andere Systemart in Frankreich – fährt er sonst mit 6,4 MW.

Diese Gleichstromnetze mit der relativ niedrigen Spannung geben also offensichtlich so viel Leistung gar nicht her, obwohl es sonst technisch machbar wäre. Schwieriger ist es im Augenblick mit dem 25 kV/50 Hz-System, das im Norden Frankreichs relativ verbreitet ist. Wir müßten dort mit den Thyristoren dreimal so schnell oder, bezogen auf die Zeit, dreimal so oft schalten wie bei 16⅔ Hz, und das würde bei den Thyristoren, die bei der E 120 eingesetzt sind, noch Schwierigkeiten bereiten. Mit verbesserten Thyristoren wird das mit Sicherheit gehen, und dann könnte dieses neue System einfach als 2-Frequenz-Lokomotive ausgebildet werden, ähnlich wie das bei den sogenannten Mischstromantrieben auch heute schon der Fall ist. Dort wird ja aus dem 16⅔ Hertz-Einphasenstrom oder aus 50 Hertz-Einphasenstrom ein sogenannter Mischstrom gebildet, ein ziemlich schlecht geglätteter Gleichstrom, der noch erhebliche Wechselstromanteile hat, aber immerhin nur in eine Richtung fließt. Man könnte, wenn die besseren Thyristoren eingesetzt werden, ähnlich einfach auch 2-Frequenz-Lokomotiven nach dem neuen Prinzip bauen. Aber im Augenblick ist daran mit Sicherheit nicht gedacht. Die Bundesbahn hat außerdem im Augenblick keinen Bedarf und keine Mittel, um solche Lokomotiven zu kaufen.

Veröffentlichungen der Rheinisch-Westfälischen Akademie der Wissenschaften

Neuerscheinungen 1977 bis 1983

Vorträge N Heft Nr.		NATUR-, INGENIEUR- UND WIRTSCHAFTSWISSENSCHAFTEN
267	*Hans Brand, Erlangen*	Möglichkeiten und Grenzen einer technischen Nutzung der Sonnenenergie
	Karl-Friedrich Knoche, Aachen	Thermochemische Wasserzersetzungsprozesse
268	*Bartel Leendert van der Waerden, Zürich*	Die vier Wissenschaften der Pythagoreer
	Hans Hermes, Freiburg i. Br.	Hundert Jahre formale Logik
269	*Karl Ernst Wohlfarth-Bottermann, Bonn*	Cytoplasmatische Actomyosine und ihre Bedeutung für Zellbewegungen
	Ernst Zebe, Münster	Anaerober Stoffwechsel bei wirbellosen Tieren
270	*Ronald Mason, Brighton, U. K.*	The Evolution of a Coordination and Organometallic Chemistry of Surfaces
	Max Schmidt, Würzburg	Elementarer Schwefel – neue Fragen zu einem alten Problem
271	*Wolfgang Flaig, Braunschweig*	Fortschritte auf dem Gebiet der Biochemie des Bodens im Bezug zur pflanzlichen Produktion (Übersicht)
	Hermann Kick, Bonn	Probleme der Düngung in der modernen Landwirtschaft
272	*Dietrich W. Lübbers, Dortmund*	Die Sauerstoffversorgung der Warmblüterorgane unter normalen und pathologischen Bedingungen
	Gerhard Neuweiler, Frankfurt/M.	Die Echoortung der Fledermäuse
273	*Ulrich Bonse, Dortmund*	Interferometrie mit Röntgen- und Neutronenstrahlen
	Horst Stegemeyer, Paderborn	Flüssige Kristalle: Strukturen, Eigenschaften und Bedeutung
274	*Kurt Fränz, Ulm*	Humanismus und Technik – Variationen über ein altes Thema
275	*Joseph Rutenfranz, Dortmund*	Arbeitsphysiologische Grundprobleme von Nacht- und Schichtarbeit
	Rainer Bernotat, Meckenheim	Ergonomische Gestaltung von Mensch-Maschine-Systemen
276	*Gerhard Fels, Kiel*	Wiederbelebung der privaten Investitionstätigkeit als wirtschaftspolitische Aufgabe
	Herbert Hax, Köln	Finanzwirtschaftliche Planung in der Unternehmung bei Geldentwertung
277	*Friedrich Liebau, Kiel*	Fortschritte auf dem Gebiet der Kristallchemie der Silikate
278	*Heinrich Kuttruff, Aachen*	Gelöste und ungelöste Fragen der Konzertsaalakustik
	Hermann Schenck, Aachen	Prosperität und Handlungsfreiheit der Stahlindustrie im Kraftfeld konjunktureller und struktureller Bewegungen
279	*Joseph Straub, Köln*	Züchtungsforschung im Dienste der Ernährung Jahresfeier am 3. Mai 1978
280	*Heinrich Mandel, Essen*	Die Kernenergie im Spannungsfeld zwischen wirtschaftlicher Nutzung und öffentlicher Billigung
281	*Wolfgang Zerna, Bochum*	Probleme des Spannbetons
	Karl Kordina, Braunschweig	Über das Brandverhalten von Bauteilen und Bauwerken
282	*Werner H. Hauss, Münster*	Über die Möglichkeit, Koronarsklerose und Herzinfarkt zu verhüten und zu behandeln
	Ludwig E. Feinendegen, Jülich	Externe Messung von Herzstruktur und -funktion
283	*Gotthilf Hempel, Kiel*	Meeresfischerei als ökologisches Problem
	Eugen Seibold, Kiel	Rohstoffe in der Tiefsee – Geologische Aspekte
284	*Heinz-Günther Wittmann, Berlin*	Ribosomen und Proteinbiosynthese
285	*Helmut Domke, Aachen*	Sicherungsmaßnahmen gegen Bergschäden und Erdbeben
	Friedrich-Wilhelm Gundlach, Berlin	Der Einfluß des Regens auf die Ausbreitung von Mikrowellen
286	*Horst Rollnik, Bonn*	Ideen und Experimente für eine einheitliche Theorie der Materie
287	*John C. Harsanyi, Berkeley, Bonn*	A new solution concept for both cooperative and noncooperative games
	Reinhard Selten, Bielefeld	Experimentelle Wirtschaftsforschung
288	*Friedrich Hund, Göttingen*	Die Rolle des Dualismus Welle-Teilchen beim Werden der Quantentheorie
	Claus Müller, Aachen	Neue Verfahren zur Lösung der elliptischen Randwertprobleme der Mathematischen Physik
289	*Ulrich Hütter, Stuttgart*	Moderne Windturbinen
	Rudolf Schulten, Jülich	Kernenergietechnik heute
290	*Paul Arthur Mäcke, Aachen*	Planerische Möglichkeiten für einen humanen Stadtverkehr
	Karlheinz Roik, Bochum	Schrägseilbrücken – Beispiele und Entwicklungstendenzen im modernen Stahlbrückenbau

291	*Stefan Vogel, Wien*	Florengeschichte im Spiegel blütenökologischer Erkenntnisse
	Walter Larcher, Innsbruck	Klimastreß im Gebirge – Adaptationstraining und Selektionsfilter für Pflanzen
292	*Günther Gerisch, Basel*	Periodische Enzymaktivierung als Kontrollfaktor multizellulärer Entwicklung
	Jens Blauert, Bochum	Neuere Ergebnisse zum räumlichen Hören
293	*Franz Grosse-Brockhoff, Düsseldorf*	Herzbehandlung mit dem ‚Fingerhut' einst und jetzt
294	*Norbert Kloten, Stuttgart*	Das Europäische Währungssystem. Eine europäische Grundentscheidung im Rückblick
295	*Karl Schindler, Bochum*	Die Magnetosphäre der Erde und ihre Dynamik
296	*Eugene P. Cronkite, New York*	The hungry granulocyte –Its fate and regulation of production
297	*Volker Aschoff, Aachen*	Aus der Geschichte der Telegraphen-Codes
	Hans Dieter Lüke, Aachen	Moderne Probleme der Nachrichten-Codierung
298	*Karl Kremer, Düsseldorf*	Kunststoffe in der Chirurgie
	Gerd Meyer-Schwickerath, Essen	Augenoperationen in mikroskopischen Dimensionen
299	*Wolfgang Backé, Aachen*	Die Rolle der Fluidtechnik bei der Entwicklung neuartiger Maschinenkonzepte
	Rolf Staufenbiel, Aachen	Entwicklung des zivilen Luftverkehrs unter den Aspekten der Umweltbelastung und dem Zwang von Energieersparnis
300	*Hans Adolf Krebs, Oxford*	On asking the right kind of question in biological research
	Jozef Schell, Köln	Neue Aussichten für die Pflanzenzüchtung: Gen-Übertragung mit dem Ti-Plasmid
301	*Gerhard M. Schneider, Bochum*	Fluide Mischungen bei hohen Drücken
	Albrecht Maas, Bonn	Direktbeobachtung und Analyse von Kristallwachstumsvorgängen im hochauflösenden Transmissions-Elektronenmikrospkop
302	*Albrecht Rabenau, Stuttgart*	Lithiumnitrid und verwandte Stoffe
	Ulrich Wannagat, Braunschweig	Sila-Substitutionen
303	*Hans K. Schneider, Köln*	Wirtschaftliches Wachstum – trotz erschöpfbarer natürlicher Ressourcen? Jahresfeier am 11. Juni 1980
304	*Hermann Flohn, Bonn*	Kohlendioxyd, Spurengase und Glashauseffekt: ihre Rolle für die Zukunft unseres Klimas
305	*Heinz Duddeck, Braunschweig*	Die Entwicklung der technischen Wissenschaft ‚Tunnelbau'
	Wolfgang Zerna, Bochum	Tanks für kryogene Flüssigkeiten
306	*Harald Schäfer, Münster*	Der Einfluß von Gasen auf die Reaktionsfähigkeit fester Stoffe
	Herbert Döring, Aachen	75 Jahre Hochvakuumelektronenröhren
307	*Hans J. Zassenhaus, Ohio*	Über die konstruktive Behandlung mathematischer Probleme
	Max Koecher, Münster	Von Matrizen zu Jordan-Tripelsystemen
308	*William F. Pohl, Minnesota*	The Application of Global Differential Geometry to the Investigation of Topological Enzymes and the Spatial Structure of Polymers
	Lothar Jaenicke, Köln	Chemotaxis – Signalaufnahme und Respons einzelliger Lebewesen
309	*Harald Ibach, Jülich/Aachen*	Zur Physik und Chemie der Festkörperoberfläche
310	*Edmond Malinvaud, Paris*	La profitabilité comme facteur de l'investissement
	Burkart Lutz, München	Einige Aspekte von Theorie und Empirie segmentierter Arbeitsmärkte
311	*Hans Jürgen Schmitt, Aachen*	Der Mensch im elektromagnetischen Feld
	Günter Rau, Aachen	Ergonomie in der Medizin
312	*Klaus Heckmann, Münster*	Über *omikron*-Partikel und andere Symbionten von Ciliaten
	Detlev Riesner, Düsseldorf	Viroide: Struktur und Funktion der kleinsten Krankheitserreger
313	*Sven Effert, Aachen*	Arrhythmien des Herzens
314	*Kurt Schmidt, Mainz*	Verlockungen und Gefahren der Schattenwirtschaft
315	*Eckart Reiche, Krefeld*	Tagebau Hambach: Voraussetzungen – Probleme – Lösungen
	Hans-Ulrich Schmincke, Bochum	Vulkane und ihre Wurzeln
316	*Roland Kammel, Berlin*	Umweltschutz durch Abwasserelektrolyse
	Ernst-Ulrich Reuther, Aachen	Zur Problematik tiefer Bergwerke
317	*Wilfried König, Aachen*	Fertigungstechnologie in den neunziger Jahren
	Manfred Weck, Aachen	Werkzeugmaschinen im Wandel
318	*Heinz Maier-Leibnitz, München*	Die Wirkung bedeutender Forscher und Lehrer – Erlebtes aus fünfzig Jahren
	Reimar Lüst, München	Derzeitige Bedingungen und Möglichkeiten für Forschung in der Bundesrepublik Deutschland
319	*Theo Mayer-Kuckuk, Bonn*	Hermes und das Schaf – interdisziplinäre Anwendungen kernphysikalischer Beschleuniger
320	*Gustav V. R. Born, London*	Die Rolle der Thrombozyten bei der Athero- und Thrombogenese
321	*Siegfried Großmann, Marburg*	Deterministisches Chaos
	Günter Harder, Bonn	Experimente in der Mathematik
323	*Manfred Depenbrock, Bochum*	Energieumformung und Leistungssteuerung bei einer modernen Universallokomotive

ABHANDLUNGEN

Band Nr.		
36	*Iselin Gundermann, Bonn*	Untersuchungen zum Gebetbüchlein der Herzogin Dorothea von Preußen
37	*Ulrich Eisenhardt, Bonn*	Die weltliche Gerichtsbarkeit der Offizialate in Köln, Bonn und Werl im 18. Jahrhundert
38	*Max Braubach, Bonn*	Bonner Professoren und Studenten in den Revolutionsjahren 1848/49
39	*Henning Bock (Bearb.), Berlin*	Adolf von Hildebrand, Gesammelte Schriften zur Kunst
40	*Geo Widengren, Uppsala*	Der Feudalismus im alten Iran
41	*Albrecht Dihle, Köln*	Homer-Probleme
42	*Frank Reuter, Erlangen*	Funkmeß. Die Entwicklung und der Einsatz des RADAR-Verfahrens in Deutschland bis zum Ende des Zweiten Weltkrieges
43	*Otto Eißfeldt, Halle, und Karl Heinrich Rengstorf, Münster (Hrsg.)*	Briefwechsel zwischen Franz Delitzsch und Wolf Wilhelm Graf Baudissin 1866–1890
44	*Reiner Haussherr, Bonn*	Michelangelos Kruzifixus für Vittoria Colonna. Bemerkungen zu Ikonographie und theologischer Deutung
45	*Gerd Kleinheyer, Regensburg*	Zur Rechtsgestalt von Akkusationsprozeß und peinlicher Frage im frühen 17. Jahrhundert. Ein Regensburger Anklageprozeß vor dem Reichshofrat. Anhang: Der Statt Regenspurg Peinliche Gerichtsordnung
46	*Heinrich Lausberg, Münster*	Das Sonett *Les Grenades* von Paul Valéry
47	*Jochen Schröder, Bonn*	Internationale Zuständigkeit. Entwurf eines Systems von Zuständigkeitsinteressen im zwischenstaatlichen Privatverfahrensrecht aufgrund rechtshistorischer, rechtsvergleichender und rechtspolitischer Betrachtungen
48	*Günther Stökl, Köln*	Testament und Siegel Ivans IV.
49	*Michael Weiers, Bonn*	Die Sprache der Moghol der Provinz Herat in Afghanistan
50	*Walther Heissig (Hrsg.), Bonn*	Schriftliche Quellen in Moġolī. 1. Teil: Texte in Faksimile
51	*Thea Buyken, Köln*	Die Constitutionen von Melfi und das Jus Francorum
52	*Jörg-Ulrich Fechner, Bochum*	Erfahrene und erfundene Landschaft. Aurelio de'Giorgi Bertòlas Deutschlandbild und die Begründung der Rheinromantik
53	*Johann Schwartzkopff (Red.), Bochum*	Symposium ‚Mechanoreception'
54	*Richard Glasser, Neustadt a. d. Weinstr.*	Über den Begriff des Oberflächlichen in der Romania
55	*Elmar Edel, Bonn*	Die Felsgräbernekropole der Qubbet el Hawa bei Assuan. II. Abteilung: Die althieratischen Topfaufschriften aus den Grabungsjahren 1972 und 1973
56	*Harald von Petrikovits, Bonn*	Die Innenbauten römischer Legionslager während der Prinzipatszeit
57	*Harm P. Westermann u. a., Bielefeld*	Einstufige Juristenausbildung. Kolloquium über die Entwicklung und Erprobung des Modells im Land Nordrhein-Westfalen
58	*Herbert Hesmer, Bonn*	Leben und Werk von Dietrich Brandis (1824–1907) – Begründer der tropischen Forstwirtschaft. Förderer der forstlichen Entwicklung in den USA. Botaniker und Ökologe
59	*Michael Weiers, Bonn*	Schriftliche Quellen in Moġolī, 2. Teil: Bearbeitung der Texte
60	*Reiner Haussherr, Bonn*	Rembrandts Jacobssegen Überlegungen zur Deutung des Gemäldes in der Kasseler Galerie
61	*Heinrich Lausberg, Münster*	Der Hymnus ›Ave maris stella‹
62	*Michael Weiers, Bonn*	Schriftliche Quellen in Moġolī, 3. Teil: Poesie der Mogholen
63	*Werner H. Hauss, Münster Robert W. Wissler, Chicago, Rolf Lehmann, Münster*	International Symposium 'State of Prevention and Therapy in Human Arteriosclerosis and in Animal Models'
64	*Heinrich Lausberg, Münster*	Der Hymnus ›Veni Creator Spiritus‹
65	*Nikolaus Himmelmann, Bonn*	Über Hirten-Genre in der antiken Kunst
66	*Elmar Edel, Bonn*	Die Felsgräbernekropole der Qubbet el Hawa bei Assuan. Paläographie der althieratischen Gefäßaufschriften aus den Grabungsjahren 1960 bis 1973
67	*Elmar Edel, Bonn*	Hieroglyphische Inschriften des Alten Reiches
68	*Wolfgang Ehrhardt, Athen*	Das Akademische Kunstmuseum der Universität Bonn unter der Direktion von Friedrich Gottlieb Welcker und Otto Jahn
69	*Walther Heissig, Bonn*	Geser-Studien. Untersuchungen zu den Erzählstoffen in den „neuen" Kapiteln des mongolischen Geser-Zyklus
70	*Werner H. Hauss, Münster Robert W. Wissler, Chicago*	Second Münster International Arteriosclerosis Symposium: Clinical Implications of Recent Research Results in Arteriosclerosis

Sonderreihe

PAPYROLOGICA COLONIENSIA

Vol. I

Aloys Kehl, Köln — Der Psalmenkommentar von Tura, Quaternio IX

Vol. II

Erich Lüddeckens, Würzburg, P. Angelicus Kropp O. P., Klausen, Alfred Hermann und Manfred Weber, Köln — Demotische und Koptische Texte

Vol. III

Stephanie West, Oxford — The Ptolemaic Papyri of Homer

Vol. IV

Ursula Hagedorn und Dieter Hagedorn, Köln, Louise C. Youtie und Herbert C. Youtie, Ann Arbor — Das Archiv des Petaus (P. Petaus)

Vol. V

Angelo Geißen, Köln — Katalog Alexandrinischer Kaisermünzen der Sammlung des Instituts für Altertumskunde der Universität zu Köln
Band 1: Augustus-Trajan (Nr. 1–740)
Band 2: Hadrian-Antoninus Pius (Nr. 741–1994)
Band 3: Marc Aurel-Gallienus (Nr. 1995–3014)

Vol. VI

J. David Thomas, Durham — The epistrategos in Ptolemaic and Roman Egypt
Part 1: The Ptolemaic epistrategos
Part 2: The Roman epistrategos

Vol. VII — Kölner Papyri (P. Köln)

Bärbel Kramer und Robert Hübner (Bearb.), Köln — Band 1
Bärbel Kramer und Dieter Hagedorn (Bearb.), Köln — Band 2
Bärbel Kramer, Michael Erler, Dieter Hagedorn und Robert Hübner (Bearb.), Köln — Band 3
Bärbel Kramer, Cornelia Römer und Dieter Hagedorn (Bearb.), Köln — Band 4

Vol. VIII

Sayed Omar (Bearb.), Kairo — Das Archiv des Soterichos (P. Soterichos)

Vol. IX — Kölner ägyptische Papyri (P. Köln ägypt.)

Dieter Kurth, Heinz-Josef Thissen und Manfred Weber (Bearb.), Köln — Band 1

Vol. X

Jeffrey S. Rusten, Cambridge, Mass. — Dionysius Scytobrachion

Verzeichnisse sämtlicher Veröffentlichungen der Rheinisch-Westfälischen Akademie der Wissenschaften können beim Westdeutschen Verlag GmbH, Postfach 30 06 20, 5090 Leverkusen 3 (Opladen), angefordert werden

GPSR Compliance
The European Union's (EU) General Product Safety Regulation (GPSR) is a set of rules that requires consumer products to be safe and our obligations to ensure this.

If you have any concerns about our products, you can contact us on

ProductSafety@springernature.com

In case Publisher is established outside the EU, the EU authorized representative is:

Springer Nature Customer Service Center GmbH
Europaplatz 3
69115 Heidelberg, Germany

www.ingramcontent.com/pod-product-compliance
Ingram Content Group UK Ltd.
Pitfield, Milton Keynes, MK11 3LW, UK
UKHW061657190726
13853UKWH00008B/2265
* 9 7 8 3 5 3 1 0 8 3 2 3 0 *